AF383923

ESSAI HISTORIQUE

SUR LE

MAGNÉTISME

ET L'UNIVERSALITÉ

DE SON INFLUENCE DANS LA NATURE,

PAR

LE DOCTEUR DE HALDAT,

Secrétaire perpétuel de l'Académie de Nancy, Membre correspondant de l'Institut (Académie des Sciences), de la Société nationale de Médecine de Paris et de plusieurs Sociétés savantes françaises et étrangères.

⋙✦⋘

NANCY,

LIBRAIRIE DE GRIMBLOT ET VEUVE RAYBOIS.

—

1849.

Les incorrections très-nombreuses de la première édition du mémoire suivant, qui a été édité sans mon concours, m'ont forcé à le publier de nouveau.

ESSAI HISTORIQUE

LE MAGNÉTISME

ET L'UNIVERSALITÉ

DE SON INFLUENCE DANS LA NATURE.

Cuique suum.

Les savants qui se sont occupés de l'histoire des sciences, conviennent généralement que l'obscurité répandue sur l'origine d'un grand nombre de découvertes, n'est pas le seul genre de difficultés attachées à ce genre de recherches, mais que les controverses qui s'élèvent si fréquemment entre les auteurs qui prétendent à l'honneur d'une même invention, rendent le rôle de l'historien non-seulement difficile, mais périlleux, surtout quand il s'agit de faits nouveaux. Ces difficultés auraient dû m'éloigner des recherches qu'a exigées le sujet de cette notice, si l'intérêt tout particulier que je porte à cette partie de la physique ne m'avait déterminé à jalonner son histoire, pour rendre, autant qu'il me sera possible, à ceux qui ont concouru à ses progrès, l'honneur qui leur est dû, depuis les premières notions sur la force attractive de l'aimant jusqu'à la généralisation de son influence dans la nature.

Originairement, tout ce que les hommes les plus attentifs aux phénomènes physiques purent observer ne se composa que de faits isolés, avec lesquels le temps et les efforts du génie ont élevé, au point où nous le voyons maintenant, l'édifice de la philosophie naturelle. La découverte du magnétisme ne fut aussi qu'un fait isolé sur lequel l'antiquité ne nous a guère transmis, avec son admiration, que sa folle prétention à expliquer ce fait, qui n'est pas moins obscur pour nous qu'il le fut pour elle. On croit que les prêtres d'Égypte eurent quelques connaissances des propriétés de l'aimant ; les Grecs, qui ne les ont pas toutes ignorées, ne nous ont laissé que des fables sur sa découverte, faite par un berger dont le fer de la houlette, planté dans la terre, lui fit éprouver une résistance qui fixa son attention. Il eût été bien plus naturel d'attribuer cette invention à des mineurs qui, dans leurs travaux souterrains, durent sans doute rencontrer le fer magnétique. On a varié sur la dénomination de cette pierre merveilleuse, nommée héracléenne à cause d'Hercule, dont elle a la force, ou d'Héraclée, ville près de laquelle on la trouve. Elle a été nommée, par une raison analogue, pierre de magnésie, *magnés* aimant, dénomination qui s'est conservée, et sur laquelle Lucrèce a dit :

> Quem magnatem vocant nomine Graii
> Magnetem, quia sit patriis in montibus ortus.

Platon nous a appris qu'à l'époque où il écrivait, on connaissait la propriété qu'a l'aimant de communiquer sa vertu au fer, comme il le dit dans le dialogue intitulé : *Ion* ou *de l'Iliade*, ainsi traduit par M. Cousin. « C'est, dit Socrate en parlant du » génie d'Ion, une force divine qui le transporte, semblable à » la pierre appelée magnétique par Euripide, qu'on nomme » ordinairement héracléenne. Cette pierre, non-seulement » attire les anneaux de fer, mais leur communique la vertu de » produire le même effet, d'attirer d'autres anneaux, en sorte » qu'on voit quelquefois une longue chaîne d'anneaux suspen- » dus les uns aux autres qui tous empruntent leur vertu à cette » pierre. »
Les Grecs connaissaient donc le phénomène de l'influence

magnétique, c'est-à-dire, de la propriété qu'a l'aimant de communiquer sa vertu au fer. D'après quoi on doit s'étonner qu'ils aient ignoré la polarité, ou propriété qu'ont deux aimants, lorsqu'ils peuvent librement se mouvoir, de se correspondre toujours par les mêmes extrémités en s'attirant ou se repoussant. Ce seul fait suffirait pour nous prouver combien ces génies si distingués dans la littérature, la philosophie et les beaux-arts s'étaient peu livrés à l'étude de la nature par l'expérience, seul moyen par lequel on puisse en pénétrer les mystères. La plus faible attention donnée à la polarité réciproque des aimants les auraient, sans doute, conduits à la découverte de la polarité générale, direction vers les pôles du monde, d'où est venue la dénomination de pôles. Cette propriété connue par les Chinois, selon le père Gaubil, comme il le dit dans ses *Mémoires mathématiques et physiques* tirés des livres chinois, aurait été découverte plus de deux mille ans avant N. S. J.-C. (1).

L'étude de la polarité réciproque des aimants aurait encore éclairé le fait si curieux de la conservation du magnétisme dans les aimants fracturés et même atténués ; propriété en vertu de laquelle le magnétisme semblerait indestructible, si l'on ne savait qu'il s'éteint de lui-même dans le fer doux, que les parties douées de magnétismes contraires se neutralisent naturellement, et enfin qu'on peut le détruire par les moyens mécaniques et l'incandescence. Ces faits conduisaient à la conséquence, que le pouvoir d'une masse magnétique était le résultat de l'action de toutes ses parties : enfin, comme il a été dit plus haut, ils conduisaient à la connaissance de la direction vers les pôles du monde. L'esprit d'investigation, si actif de nos jours, n'existait pas chez les anciens, et ne s'est éveillé, bien plus tard, qu'à l'apparition des faits contraires aux opinions dominantes, tels que la suspension des fluides dans le vide à des hauteurs inverses à leurs densités. Mais revenons à la question historique du magnétisme et voyons ce que les Romains ont ajouté aux connaissances des Grecs sur ce sujet.

(1) *Mémoires de Trévoux*, janvier 1753, p. 288.

En feuilletant le recueil immense de Pline, consacré à l'exposition de la science de la nature et des arts, on devrait s'attendre à trouver un article philosophique sur l'un des produits naturels les plus extraordinaires; mais le savant encyclopédiste de l'antiquité s'est borné à répéter les fables débitées sur l'aimant et sa découverte. Il en distingue plusieurs espèces, énumère les lieux où elles se trouvent, s'étendant sur les vertus thérapeutiques de ce minéral qui, d'après son assertion, soulagerait les ophthalmies et guérirait les brûlures. Depuis le fait de la découverte de la communication magnétique conservée par **Platon**, vers l'an 400 de notre ère, jusqu'au commencement du xive siècle ou la fin du xiie, durant près de dix siècles, aucune découverte importante n'augmenta le domaine de la science magnétique, tant l'esprit humain est impuissant quand il est engagé dans une mauvaise voie. C'est donc à une époque dont les dates restent douteuses, entre le xiie et le commencement du xive siècle, que la direction de l'aimant vers les pôles du monde, reconnue, donna naissance à l'instrument le plus important qu'ait produit le génie de l'homme. A la boussole, ce guide fidèle qui, conduisant Colomb vers un nouvel hémisphère, ouvrit à l'industrie, au commerce, à la science, à la civilisation, enfin, une voie immense, une nouvelle patrie à la population excessive de nos contrées européennes, et des asiles aux victimes de nos discordes civiles.

Je ne donne, sur l'époque de la découverte de la boussole, que des dates approximatives, à raison des incertitudes qui régnent sur cette question. Il paraît que vers le ixe siècle, sous le règne de Tsching-Wang, quelques Chinois s'étaient dirigés au moyen de l'aimant vers la Cochinchine, et il est certain qu'un poëte français du xiie siècle, dans un poëme intitulé la *Bible*, Guyot, parle de la boussole comme d'un instrument connu et usité sous le nom de *Marinette*. Les vers qui suivent, extraits de ce poëme, sont cités en plusieurs ouvrages.

Un art font que mentir ne puet
Par vertu de la *Marinette*
Une pierre laide et noirette
Ou le fer volontier se joient.

Ce nom de *marinette* prouve assez que la boussole était connue avant l'époque où Guyot écrivit. Jacques de Vitri,
évêque de Ptolémaïs, dans sa description de la Palestine,
et Dante, au XII livre du *Paradis* en ont aussi parlé assez
clairement vers le même temps. Mais cet instrument inventé à
la Chine, transporté, à ce qu'on croit, par les Arabes en Europe,
était dans un grand état d'imperfection, dont il fut tiré par
Flavio Gioia, auquel, pendant quelque temps, on en attribua
l'invention. Ici se montre, avec une grande évidence, la supé-
riorité de la race caucasienne sur la race mongole. Posses-
seurs depuis longues années du précieux guide des navigateurs,
les Chinois se bornèrent à quelques excursions près des côtes ;
à peine est-il passé entre les mains des Européens, qu'ils s'é-
lancent à travers l'immense Océan à la découverte d'un monde
nouveau dont le génie a pressenti l'existence. Nos pères en étaient
séparés par les trois quarts de la circonférence du globe, et
les inventeurs de la boussole demeurèrent longtemps étrangers
à cette terre, dont ils étaient comparativement si peu éloignés.

D'autres détails sur la polarité tellurique de l'aimant seraient
déplacés dans une notice dont le but est d'indiquer seulement
la marche de l'esprit humain dans la science magnétique.
Après cette découverte, mais dans un intervalle de deux siècles,
comme si le génie avait besoin de repos, apparut celle de la
déclinaison, qu'on attribue généralement à Sébastien Cabot,
Vénitien et navigateur savant, qui reconnut les différences
entre les méridiens magnétique et astronomique, au moyen
d'une appréciation plus exacte de leur direction relativement à
l'étoile polaire.

La découverte des variations annuelles qui eut lieu plus
tard ne fut que la conséquence de cette première obser-
vation. Les différences de la déclinaison en divers lieux de la

terre, enrichies de nos jours d'un si grand nombre d'observations par les amiraux Baudin et Duperrey et autres ne laissaient plus, sur la direction absolue de l'aiguille, qu'un seul fait bien important à constater. Roberts Normann, qui des premiers avait reconnu les variations en un même lieu, découvrit encore que l'aiguille équilibrée avant son aimantation s'inclinait vers l'axe de la terre, dès qu'elle avait acquis la force magnétique. Il reconnut que pour obtenir cette inclinaison dans toute son intensité, il fallait lui donner un axe parallèle à l'horizon, sur lequel elle pût tourner librement. Ainsi disposée, l'aiguille magnétique, transportée en divers lieux de la terre dévoila de nouveaux phénomènes. Elle nous montra que la force qui lui commande est dirigée vers le centre de la terre, et non vers le pôle boréal du ciel, comme on le croyait autrefois. Enfin elle a fourni aux physiciens le moyen de mesurer cette force, et aux navigateurs celui de reconnaître leur position à la surface du globe. Il est bien juste de reconnaître ici l'influence de la mécanique pratique sur ces importantes découvertes. Elle leur a ouvert la voie et leur en a fourni les moyens par le perfectionnement des aiguilles, celui de leurs supports, la division exacte des cercles commensurateurs, la disposition des axes et l'invention des meilleurs dispositions des parties de ces instruments. Honneur donc à l'ingénieux inventeur de l'aiguille d'inclinaison et à tous ces imitateurs, qui ont concouru au perfectionnement des boussoles : au savant mécanicien du Bureau des longitudes (1), qui, sous la direction de M. Arago, nous a donné la boussole des variations diurnes et de la déclinaison absolue.

Ce fut vers l'époque de ces brillantes découvertes que parut un livre où tout ce qu'on savait alors sur le magnétisme est exposé, mais où l'on trouve encore un grand nombre de faits que nous ayons seulement rajeunis et développés. La *Physiologie magnétique* de Guillaume Gilbert, imprimée en 1600 à Londres, et trente ans plus tard à Sedan, est sans contredit

(1) Feu Gambey, de l'Académie des sciences et du Bureau des longitudes.

l'ouvrage de physique le plus remarquable de tous ceux qui parurent à la même époque. L'auteur n'y parle pas seulement de l'attraction magnétique, de la polarité réciproque et tellurique, de la déclinaison et de ses différences en divers lieux; il parle encore des variations en même lieu, et même de l'inclinaison qu'il reproduisait avec une petite aiguille d'acier adaptée à un globule de liége plongé dans l'eau (1). Enfin il a rassemblé une multitude de faits relatifs à la qualité de l'aimant, au choix de ce minéral, aux moyens d'en reconnaître les pôles, d'en augmenter la puissance, de la communiquer à l'acier, de l'y rendre permanente, de la diminuer et de la détruire. Ce grand physicien nous a fait aussi connaître le phénomène de la persistance de l'état magnétique dans les aimants fracturés et brisés; de l'inégalité de la force du même aimant en diverses parties de son étendue, seulement déterminée depuis avec plus d'exactitude par Coulomb; enfin il nous a donné un grand nombre de règles relatives aux expériences magnétiques. Pour ne pas m'étendre davantage sur ce livre remarquable, je dirai que rejetant philosophiquement toutes les hypothèses sur la cause de ces phénomènes merveilleux, l'auteur la considère comme un simple fait d'attraction, et que, saisissant encore l'analogie des phénomènes magnétiques et électriques, il a comparé la terre à un grand aimant (2).

D'après l'importance de la *Physiologie magnétique* de Gilbert, considérée comme un livre classique par M. de Humboldt, ne doit-on pas s'étonner de la légéreté, pour ne rien dire de plus, avec laquelle le savant et ingénieux physicien anglais a été traité dans la *Biographie universelle,* où se trouvent d'ailleurs tant d'articles excellents? Comment le rédacteur de cette notice a-t-il pu attribuer au favoritisme seul la célébrité dont jouit durant sa vie le savant médecin d'Elisabeth, reine d'Angleterre?

(1) *Physiologia nova de magnete magneticisque corporibus.*

(2) Cette opinion combattue par le Père Cabée, auteur de la *Philosophie magnétique,* a obtenu l'assentiment général.

Nous arrivons à l'époque où la science de l'aimant enrichie de tant de découvertes utiles ou brillantes, stationnaire pendant près de deux siècles, reparut sur la scène du monde savant avec un éclat jusqu'alors inconnu. Dans cette période dont une partie des faits s'est accomplie de nos jours, nous n'aurons plus à invoquer de titres douteux. Les publications académiques et les ouvrages périodiques nous fourniront les matériaux qui doivent nous éclairer, nous y recourrons avec le désir de rendre à tous les inventeurs, à tous les physiciens distingués dans cette carrière, ce qui leur est dû; malheureusement, ils sont si nombreux, qu'il est presque impossible de n'en pas oublier. L'étendue du sujet et le cadre dans lequel je me suis renfermé, m'a d'ailleurs imposé l'obligation de n'enregistrer que les seuls faits qui ont imprimé, à la théorie ou à la pratique du magnétisme, une marche ascendante ; son universalité, dernier progrès de la théorie de cette science, étant d'ailleurs l'objet principal de cette notice.

Le premier physicien que nous rencontrons dans cette noble carrière est le célèbre Coulomb, qui en quelques années tira du chaos toute la statique du magnétisme et la soumit à la rigueur du calcul. Gilbert avait déjà reconnu que la force des aimants allait croissant du centre vers les pôles (1). Coulomb prouva que cette force est à son maximum à une distance des pôles qui est égale au sixième de leur longueur; de ce principe, et faisant entrer dans le calcul la longueur, l'épaisseur et le poids de la lame d'acier, il conclut que l'aiguille de la boussole doit avoir la forme d'un losange allongé, avec très-peu d'épaisseur et de masse. Le résultat de ces recherches annonçait la concentration de la force magnétique à la surface des aimants. Des recherches, consignées dans les Mémoires de l'Académie de Nancy (2) ont établi ce fait. On savait depuis longtemps que les corps doués de la force magnétique

(1) Gilbert, *Physiologia magnetica*, liber III, cap. III.
(2) Année 1844.

pouvaient la communiquer au fer et à l'acier. Un grand nombre de physiciens nous avaient fait connaître les procédés par lesquels on développait la plus grande énergie dans les aimants artificiels. Duhamel et OEpinus s'étaient déjà livrés avec succès à ces recherches pratiques. Coulomb perfectionna la double touche, indiqua les espèces d'acier qui devaient être préférées, et le procédé de trempe qui leur donnait la plus grande énergie et la plus constante persistance dans cet état. Il enseigna aussi à former le plus avantageusement des aimants composés ou batteries magnétiques. Les frictions étaient considérées comme le seul moyen de communiquer la force magnétique; on a prouvé que cette vertu pouvait être communiquée sans contact (1) à distance ou par influence, comme l'électricité. Gilbert (2) avait observé l'influence de la chaleur sur les aimants; M. Pouillet (3) a prouvé que l'incandescence enlevait même au fer et à l'acier la propriété d'acquérir l'état magnétique. On a prouvé depuis que, par l'incandescence partielle d'un barreau, on pouvait altérer son magnétisme dans la partie qui l'éprouvait actuellement et qu'il pouvait se maintenir dans les portions contiguës, entretenues à une basse température; que l'état magnétique du barreau se rétablissait dès que l'incandescence cessait; qu'on pouvait aussi, par l'incandescence partielle, former des aimants à plusieurs pôles; et qu'enfin le refroidissement rétablissait l'état magnétique d'un barreau partiellement altéré, mais que l'altération entière ou partielle d'un aimant exigeait toujours une température fort élevée (4). On ignorait la cause de l'influence des frictions sur la communication du magnétisme. M. Pouillet a de nos jours magnétisé un faisceau de fil de fer en l'inclinant vers la terre et en le tordant, c'est-à-dire, en communi-

(1) *Mémoires de l'Académie de Nancy.*

(2) Gilbert, *Physiologia magnetica,* lib. III.

(3) *Physique,* 3e édit.

(4) *Mémoires de l'Académie de Nancy,* 1839, p. 42 et suivantes.

quant à ses parties constitutives un mouvement favorable à l'influence magnétique de la terre, et en y développant la force coercitive par une espéce de trempe (1). On a depuis magné-tisé, par influence, de petits fils de fer placés entre deux aimants et éloignés de leurs pôles, en les frottant avec des corps durs non magnétiques (2). On avait prouvé que les chocs affaiblis-saient la force des aimants; depuis on a montré que des vibra-tions violentes éteignaient, dans les lames d'acier qui ont reçu les figures magnétiques, la force qui les produit et les con-serve. On admettait que la force d'un aimant était le résultat des forces partielles de toutes ses molécules composantes, on a prouvé depuis que des tubes de verre ou de laiton, remplis de li-maille de fer ou d'acier aimantés, prenaient des pôles comme des barreaux, mais pouvaient être désaimantés par le déplace-ment général des parties dont ils étaient composés (3). Gilbert avait déjà observé que l'action de l'aimant a lieu à distance, et que cette force diminue à mesure que la distance augmente, mais la valeur absolue de cette diminution n'était pas connue. C'est à Coulomb qu'on doit encore l'exacte détermination de cette quantité et la loi déjà entrevue par Muschembroeck. Le savant membre de l'Institut prouva que la force magnétique agit selon une loi commune au calorique, à la lumiére, à l'élec-tricité et à la force qui régit le système du monde; que cette force agit en raison inverse du carré de la distance. Il fonda cette loi sur des faits obtenus au moyen d'un instrument qui a conservé le nom de: balance de Coulomb. C'est à l'aide de cette balance aussi simple qu'exacte, qu'il fonda la statique électrique et magnétique. Cet instrument conduisit le savant inventeur à de précieuses recherches sur l'influence du frottement des aiguilles sur leurs supports, auxquels il substitua la suspen-sion par les fils simples de soie de cocon ou de minces fils mé-

(1) *Physique*, t. I.
(2) *Mémoires de l'Académie de Nancy.*
(3) *Mémoires de l'Académie de Nancy*, année 1839.

talliques (1). Ce mode de suspension, qui fournit, dans l'élasti-
cité des fils, un moyen exact d'appréciation de forces minimes,
n'a pas servi seulement à la détermination de la loi des distan-
ces, elle a encore fourni le moyen de mesurer les quantités
d'électricité les moins appréciables; elle a servi à la détermination de la distribution de la force magnétique dans les aimants
naturels ou artificiels. C'est encore avec les instruments con-
struits sur ces principes que les savants, stationnaires ou voya-
geurs, ont recueilli tant de documents importants sur le magnétisme terrestre, ses différences en divers lieux et ses variations annuelles ou diurnes. Je regrette de ne pouvoir rappeler
ici honorablement tous les noms des laborieux observateurs
de tous ces faits; je me bornerai à nommer MM. de Humboldt,
Hansteen, Duperrey, auxquels il est juste d'associer MM.
Gay-Lussac et Biot, pour avoir constaté, dans leur ascen-
sion aérienne, que l'action du magnétisme terrestre à une
grande distance de la terre, a lieu comme à sa surface et dans
son intérieur.

Les variations annuelles de l'aiguille en un même lieu devaient faire présumer que ces changements s'opéraient par des
efforts successifs répétés chaque jour; mais cela ne pouvait
être prouvé que par des instruments propres à indiquer et mesurer des différences peu appréciables à nos sens. Les nouvelles
dispositions de Coulomb, appliquées aux boussoles, triom-
phèrent de ces difficultés, et constatèrent les variations inces-
santes produites par l'action de la terre. Elles avaient été obser-
vées d'abord par Graham, par Celsius et par Cassini; depuis elles
l'ont été dans un grand nombre de lieux où sont établis des
observatoires destinés à recueillir ces faits. Je nommerai seulement Paris, Genève, Munich, Londres et Bruxelles, où par les
soins d'un savant et zélé observateur, M. Quetelet, ont été re-
cueillis d'immenses et précieux matériaux pour la météorologie.

(1) Tous ces mémoires font partie de la collection de l'Académie des
sciences.

J'ajouterai Gœttingue, où l'aiguille a reçu de **M. Gauss** une disposition nouvelle qui a obtenu l'approbation de beaucoup de savants. Ces perfectionnements divers, dans l'organisation des boussoles, ont encore servi à constater l'influence des aurores boréales sur le magnétisme terrestre.

Après l'exposition des grands phénomènes telluriques devraient se placer un grand nombre de faits qui s'y rapportent : l'action de ce grand corps sur les aimants ou les corps magnétisables; les moyens de favoriser, d'augmenter, de diminuer ou d'annuler son influence; des considérations sur les causes qui lui conservent sa force, et la font varier en différents temps et en différents pays, comme cela a lieu pour les lames d'acier qui ont reçu les figures magnétiques (1); et enfin tant de faits relatifs à la puissance magnétique de ce corps. Si je m'arrête un instant sur la question de la terre, considérée par Gilbert comme un grand aimant, c'est pour imiter la prudence du savant physicien anglais, qui, rassemblant en faveur de sa théorie toutes les preuves qui peuvent la fonder, a soigneusement négligé toutes les hypothèses de l'antiquité sur ses causes. Il s'est borné à y reconnaître un fait qu'il a même voulu rendre expérimental, en donnant à un aimant naturel la forme sphérique, et en plaçant à sa surface de petits aimants qui reproduisaient les phénomènes de l'aiguille transportée en diverses parties du globe (2). *Quomodo magnetica ferramenta et minores magnetes ad terrellam et ad tellurem ipsam et ab illa disponuntur.*

Obligé de me borner aux questions fondamentales de la doctrine magnétique, je n'aurai plus à traiter que de celle qui est l'objet principal de cette notice, la question de *l'universalité du magnétisme,* que j'énonce ainsi. La cause des phénomènes magnétiques est-elle au nombre des agents généraux de la nature, tels

(1) *Mémoires de l'Académie de Nancy,* année 1839.

(2) *De telluris globo magno magnete.* lib. vi, *physiologia magnetica.* Feu Nobili, mon ami, physicien distingué et professeur à Florence, obtenait les mêmes effets avec un globe de bois qui portait le réophore circulaire d'une pile en action.

que le calorique, la lumière, l'électricité ou n'est-elle seulement qu'une propriété particulière à certains corps? Pour tous ceux qui regardent la terre comme un grand aimant, la question semble résolue, car la force d'un aimant étant le résultat de celle des parties qui le composent, toutes les parties de la terre doivent être magnétiques ou magnétisables. Cependant cette conséquence nécessaire n'a pas été admise. La faculté d'acquérir la force magnétique ne s'étant montrée sensiblement que dans un très-petit nombre de corps, les physiciens ont suspendu leur jugement. Le nombre des substances magnétisables s'étant augmenté depuis qu'on a trouvé cette propriété dans le cobalt, le nikel, le chrome et le manganèse, ce nouvel argument en faveur de la généralité du magnétisme devait modifier l'opinion dominante. Mais des objections sur la pureté absolue des corps reconnus magnétisables, dans lesquels on supposait des quantités infiniment petites du métal considéré comme seul magnétisable, retint encore les esprits en suspens, et le physicien si ingénieux, qui a enrichi la science magnétique de tant d'importantes découvertes, Coulomb, a contribué à maintenir une erreur que la hauteur de sa réputation ne peut m'empêcher de combattre. *Amicus Plato, sed magis amica veritas.* Il pensa résoudre les difficultés dont la question est environnée, en faisant osciller entre deux aimants puissants de très-petits cylindres de diverses substances, qui, suspendus librement par le fil de cocon, devaient éprouver dans leurs mouvements une accélération sensible s'ils étaient influencés par le magnétisme. Cette accélération fut prouvée, en effet, comme le savant physicien l'avait prévu ; mais au lieu d'attribuer cet effet à sa cause réelle, dominé par l'idée du magnétisme spécial du fer et de son abondance dans la nature, il laissa subsister le doute sur l'influence du fer, et retarda d'un demi-siècle la vérité entrevue par Gilbert. J'ai cherché à prouver aux opposants de nos jours combien il était peu philosophique d'admettre dans un très-petit nombre de corps une vertu spéciale, lorsque les progrès de la science nous montrent que l'influence des grands agents de la nature : lumière, calorique, électricité exercent sur tous les corps l'influence la plus générale. Je ne pouvais me persuader que l'agent au moyen duquel on explique les phénomènes magnétiques, qui a, avec l'attraction et l'électricité, une si grande analogie, pût être restreint à agir sur un si petit nombre de corps (1). J'entrepris donc de nouvelles expériences, j'allongeai beaucoup les aiguilles de Coulomb, je doublai, je triplai et je quadruplai même leur longueur, et les plaçant entre deux aimants, je ne consultai que la force de torsion, et je trouvai qu'un très-grand nombre de corps obéissaient à la force attractive des aimants, qu'ils luttaient contre la torsion du fil de cocon pour se maintenir dans la direction du courant qu'on suppose entre les pôles, et pour s'en rapprocher quand on les en avait écartés. Ils se conduisaient comme l'eût fait un aiguille magnétique ou magnétisable placée dans la même situation ; enfin comme une aiguille aimantée par rapport à la terre. Cette influence des aimants sur les corps supposés les plus exempts de fer et choisis dans les deux règnes, me parut tellement évidente pour le cuivre pur, l'or, l'argent, le platine, que l'une de ces aiguilles, étant retenue dans la direction polaire en luttant contre la torsion du fil, il suffit d'éloigner les aimants pour la voir prendre la direction qui lui est imprimée par cette torsion. Malgré l'exactitude de ces faits, si faciles à répéter, même avec des aimants d'une force médiocre, les objections furent reproduites ; c'était toujours le fer qui agissait, quoiqu'en quantité inappréciable à l'analyse, quoiqu'à l'état salin, c'est-à-dire, dépourvu de la force magnétique propre au métal. Ces difficultés ne pouvaient être levées qu'en produisant des substances dans lesquelles on ne pouvait supposer le fer. Le charbon de la fumée des lampes brûlant sans mèches, les chlorhydrate et carbonate d'ammoniaque faits de toutes pièces furent présentés comme remplissant les conditions exigées (2).

(1) *Mémoires de l'Académie de Nancy*, 1845 ; *Comptes rendus de l'Académie des sciences*, juin 1841.

(2) *Mémoires de l'Académie de Nancy*, année 1845.

Antérieurement à ces recherches, on avait recueilli des faits nouveaux, qui auraient dû amener la solution de la question. Personne n'ignore qu'en 1822, M. Arago prouva que l'aiguille aimantée était influencée, dans ses oscillations, par les corps près de la surface desquels elle les exécutait, et que le nombre de ses oscillations, avant qu'elle soit réduite au repos, était moindre dans une monture en bois que dans une monture en métal : ce qui avait échappé à des milliers d'observateurs, ne put échapper au coup d'œil du savant physicien. De ce fait important, il résultait que des corps considérés comme impropres à acquérir la force magnétique, l'acquéraient cependant, puisqu'ils amortissaient les oscillations de l'aiguille. Des nombreuses expériences faites par le savant inventeur sur un grand nombre de corps solides et liquides, relativement à leur influence sur la durée des oscillations, la conséquence était évidemment que le magnétisme appartenait à tous les corps. Cependant l'éclat de la découverte de l'illustre secrétaire éblouit les esprits prévenus sans les éclairer. Quelques physiciens, dans un fait essentiellement magnétique, voulurent trouver quelque influence particulière. On recourut à l'induction pour expliquer la rotation des disques métalliques à intersections dans leur influence sur l'aiguille ; ce fut alors que parut à Nancy, en 1835, un mémoire assez étendu, intitulé *Histoire du magnétisme dont les phénomènes sont rendus sensibles par le mouvement* (1). On y prouve l'inutilité de l'induction appliquée à la solution de la question des disques à intersection, en montrant que l'entraînement de l'aiguille est l'effet du magnétisme transitoire, acquis par les parties du disque qui ont passé au-dessous de l'aiguille. Que cette transition, de l'état magnétique à l'état neutre, a lieu dans une durée extrêmement courte, qui est déterminée (2) par une expérience spéciale, et aussi en mon-

---

(1) *Histoire du magnétisme dont les phénomènes sont rendus sensibles par le mouvement.* A Nancy, chez Grimblot et Raybois.

(2) Même ouvrage, page 28 et suivantes.

trant l'impuissance du disque d'acier, dont la force coërcitive est disproportionnée à la force d'influence de l'aiguille. La même explication s'appliquant, facilement à la rotation des disques métalliques librement suspendus au-dessus des aimants rotateurs, il en résultait que tous ces effets, dont l'explication avait été basée sur des causes compliquées et obscures, n'étaient que les effets de l'influence magnétique. L'important appendice, ajouté à la science par M. Arago, n'a pas seulement fourni de puissants arguments en faveur de l'universalité du magnétisme, il a encore fixé l'attention des physiciens sur un grand nombre de faits qui en ont étendu le domaine.

Deux années avant l'époque dont nous venons d'exposer les travaux, une grande découverte étonna le monde savant. On avait déjà entrevu quelques effets magnétiques produits par l'action du fluide électrique; on savait que la foudre avait altéré des boussoles et affaibli ou interverti les pôles de leurs aiguilles; que des ferrements placés sur des bâtiments élevés avaient acquis la force magnétique; mais ces observations inexpliquées n'avaient pas été appréciées comme elles devaient l'être. M. OErsted prouva que le réophore d'une pile électro-chimique agit sur l'aiguille aimantée, et lui imprime une direction plus ou moins perpendiculaire au courant qu'il conduit. Il détermina les lois principales de ce fait fondamental, et ouvrit par cette découverte une carrière immense, dans laquelle s'engagèrent une multitude de savants français et étrangers, parmi lesquels Ampère détermina les lois de cette statique magnéto-électrique, et où M. Arago trouva le fait le plus favorable à la théorie de l'universalité du magnétisme, en montrant que le réophore d'une pile se charge de limaille de fer comme le fait un aimant, quoique formé de métaux considérés comme impropres à acquérir la force magnétique. L'influence de la terre sur les réophores librement suspendus, observée par un grand nombre de savants, parmi lesquels se distinguent Ampère et de La Rive, ajouta en faveur de l'universalité du magnétisme le dernier et l'un des plus puissants arguments.

N'est-il pas étonnant, on pourrait presque dire incroyable, qu'après tant de faits manifestes et concordants, cette universalité du magnétisme, à laquelle cet écrit est principalement consacré, ait été méconnue et oubliée? Ne semblerait-il pas que la préoccupation de la spécialité magnétique du fer et l'éclat des faits nouvellement observés aient détourné l'attention de leur plus importante conséquence? Car il est certain qu'en 1841, ni dans les ouvrages élémentaires destinés à l'enseignement, ni dans les traités spéciaux, il n'était nullement question de l'universalité du magnétisme. Il fallait donc pour arriver à ce principe le dégager des préjugés qui l'enveloppaient. Ce dernier progrès, nous le devons au même savant dont le génie nous a fait connaître, sous la dénomination d'induction, une classe nouvelle de phénomènes magnétiques. L'influence de l'agent magnétique, sur tous les corps, n'avait été constatée directement que par leur disposition à se maintenir dans la direction du courant magnétique. M. Faraday (1) prouva que, parmi les corps soumis à ces expériences, un certain nombre, que j'avais considérés comme trop peu magnétisables pour prendre la direction du courant, se dirigeaient transversalement. Cette découverte, qui causa un grand étonnement, fut contestée. Elle eût été admise sans difficulté, si l'on avait apprécié convenablement un fait découvert par M. Becquerel. Ce savant physicien, auquel on doit tant de travaux ingénieux et de faits importants, avait observé que le peroxyde de fer, soumis à l'influence des aimants, au lieu de prendre la direction du courant se plaçait transversalement, ce que le savant anglais a nommé diamagnétisme. Ces expériences, appliquées à un grand nombre de substances, ont prouvé que le diamagnétisme appartenait aux deux règnes; aux solides, aux fluides, aux gaz et aux vapeurs.

Ainsi s'est établie par le temps et la continuité des recherches sur le magnétisme, la théorie de son universalité, ou, comme on doit l'exprimer, la faculté de l'agent magnétique de com-

____

(1) *Annales de chimie et de physique*, dernière section, t XI.

mander à tous les corps avec des degrés variés d'énergie, en leur imprimant une direction parallèle ou transversale au courant, à l'influence duquel ils sont soumis. Cette conséquence naturelle du magnétisme terrestre, quoique directe, palpable, n'avait pas assez pénétré les esprits pour être formulée d'une manière positive. D'après quoi je ne puis partager l'opinion de **M.** de Humboldt (1) qui semble considérer l'universalité du magnétisme comme reconnue depuis longtemps. J'oppose à son induction que le livre de **Gilbert**, malgré son mérite éminent gisait abandonné dans la poussière de nos bibliothèques ; qu'il n'a été cité que par un très-petit nombre d'auteurs, qui ont peu apprécié les conséquences du principe établi par ce physicien, et dont aucun, parmi ceux qui me sont connus, ne l'a énoncé comme je le *proclame* aujourd'hui au nom de tous les savants dont les glorieux travaux ont concouru à le mettre en évidence (2). J'oppose encore à l'induction du savant éminent la généralité de l'opinion si longtemps subsistante de la spécialité magnétique du fer, qui est peut-être encore soutenue par quelques personnes. Débarrassant donc la thèse de tout ce qui peut l'obscurcir, je la réduis à deux questions. *L'universalité du magnétisme* était-elle admise avant les recherches de Coulomb ? L'a-t-elle été depuis ces recherches ? Je répondrai que le grand physicien ne les entreprit que parce qu'il ne trouva pas la question résolue dans les ouvrages de ses prédécesseurs. Je répondrai à la seconde que Coulomb ayant laissé cette question environnée des mêmes doutes qui existaient avant lui, elle n'a pu être considérée comme résolue, et ne se trouve énoncée en aucun des ouvrages publiés depuis ses derniers travaux ; car il serait ridicule de confondre l'action magnétique générale de la terre, son influence sur l'aiguille aimantée, avec la faculté qu'ont tous les corps d'acquérir la force magnétique.

(1) *Cosmos*, t. II, p. 401.
(2) OErsted, Faraday, Becquerel, Zanthedezchi, de Haldat.

Depuis que ce mémoire a paru , l'Académie des sciences a publié, dans le compte rendu de sa séance du 21 mai 1849, l'analyse d'un travail important de M. Edmond Becquerel, dans lequel ce jeune et savant physicien a ajouté , comme M. Faraday, de nouvelles preuves en faveur de l'universalité du magnétisme qui, auparavant, lui avait paru douteuse, mais qu'il vient d'enrichir de faits relatifs à l'état magnétique des gaz et à leur influence sur les phénomènes que présentent les corps plongés dans ces substances (1).

Si j'avais dû énoncer toutes les questions, je terminerais par l'exposition des hypothèses sur la cause des phénomènes magnétiques. Je ne m'y arrêterai pas, ces vues étant indépendantes de la théorie de l'universalité du magnétisme dont j'ai essayé d'esquisser l'histoire ; je les omettrai encore parce qu'elles sont du nombre de celles dont l'auteur de toutes choses s'est gardé le secret, sans doute pour nous convaincre incessamment de sa puissance infinie et de notre faiblesse. Laissant donc dans l'histoire les explications fabuleuses des Grecs et de leurs imitateurs, je ne parlerai ni de l'affection sympathique de l'aimant pour le fer, dont il se nourrit, ni des atomes chrochus d'Epicure ou de la matière cannelée de Descartes, et ne rappellerai que la savante théorie d'Œpinus, qui, au lieu de se perdre dans le vide des suppositions, s'est borné à admettre deux fluides qu'il considère comme les éléments de l'agent magnétique, et auxquels il reconnaît la propriété de repousser leurs propres éléments et d'attirer ceux de l'autre fluide; d'ailleurs agissant l'un et l'autre par leur propre énergie , à la manière de l'attraction.

(1) Ne doit-on pas placer au nombre des physiciens qui ont concouru à établir l'universalité du magnétisme feu M. Le Baillif, pour les expériences qu'il a faites vers 1832, avec un instrument qu'il a nommé sidéroscope, dans le but de déterminer la présence du fer dans les corps. (*Première édition de la Physique de M. Pouillet, 1832, tome II, page 102.*)

NOTE INDICATIVE

DES QUESTIONS PRINCIPALES.

———